妈妈和我
美食

王冠超 译

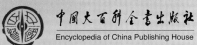

中国大百科全书出版社
Encyclopedia of China Publishing House

DK | Penguin Random House

Original Title: Mummy & Me Cook
Copyright © 2014 Dorling Kindersley Limited,
A Penguin Random House Company

北京市版权登记号：图字01-2018-0297

图书在版编目（CIP）数据

美食 / 英国DK公司编；王冠超译. — 北京：中国
大百科全书出版社，2019.1
（DK妈妈和我）
书名原文：Mummy & Me Cook
ISBN 978-7-5202-0349-4

Ⅰ.①美… Ⅱ.①英… ②王… Ⅲ.①烹饪—儿童读
物 Ⅳ.①TS972.1-49

中国版本图书馆CIP数据核字（2018）第209720号

译　　者：王冠超

策 划 人：武　丹
责任编辑：马　蕴
封面设计：袁　欣

DK妈妈和我 美食
中国大百科全书出版社出版发行
（北京阜成门北大街17号　邮编 100037）
http://www.ecph.com.cn
新华书店经销
北京华联印刷有限公司印制
开本：889毫米×1194毫米　1/16　印张：15
2019年1月第1版　2019年1月第1次印刷
ISBN 978-7-5202-0349-4
定价：168.00元（全3册）

A WORLD OF IDEAS:
SEE ALL THERE IS TO KNOW

www.dk.com

目录

健康与安全

通过这本书，你能接触许多基本的食材，比如鸡蛋、巧克力等，了解这些食材从何而来，以及如何烹饪。在厨房烹制食物时，一定要注意安全，并且遵守以下要求。

注意安全

这本书里涉及的烹饪活动都要在家长的监护下完成。当你看到这样的三角形警示标志时，一定要格外小心，比如当你需要使用热锅、电器或锋利的工具时，应该找家长帮忙。

准备事项

1 在开始烹饪以前，一定要认真阅读说明。
2 把你需要的工具、材料集中放在一起。
3 放一块抹布在手边，以便随时清理溢出的食物。
4 套上围裙，并把头发扎起来。

重点标志

准备时间

烹饪时间

几人餐

烹饪小智慧

• 请家长将食物放入和取出烤箱。

• 处理食物前后都要洗手。尤其是在处理完生鸡蛋和生肉以后，要把双手洗净。

• 当你开始处理食材后，就不要舔手指啦。

• 检查所有食材的保质期。

• 甜点是均衡膳食的一部分。你可以用它来犒劳自己和他人。

• 在开始烹饪以前，要认真地称量每一种食材。你可以使用量匙、量杯、厨房秤等称量工具。

• 按照包装袋上的说明储存食材。

匙计量

1 茶匙 = 5 毫升

1 汤匙 = 15 毫升

请家长将食物放入和取出烤箱。

健康饮食

你需要吃各种不同的食物以保证膳食均衡，从而获得更多的能量，保持健康，茁壮成长。

谷物

面包、麦片、米饭和意大利面为你提供能量。它们都是由谷物制成的。全麦类食物更有益健康，因为其中富含多种矿物质和膳食纤维。

意大利面

皮塔饼

水果

你的身体可以从水果中获取重要的维生素、矿物质和膳食纤维。不论是新鲜的、冷藏的、罐装的，还是脱水的，这些水果都对身体有益。

草莓

香蕉

蔬菜

蔬菜是健康饮食非常重要的组成部分。同水果一样，蔬菜中也富含多种维生素、矿物质和膳食纤维。在日常饮食中，你应该多吃各种蔬菜。

西兰花

胡萝卜

芸豆

乳制品

乳制品为我们提供有益的维生素和矿物质（比如钙）。乳制品包括牛奶、酸奶、奶酪、黄油和奶油。

牛奶

肉类和豆类

我们从动物和植物中获取蛋白质。富含蛋白质的食物包括肉类、鱼类、坚果、豆类以及乳制品，食用这些食物有益健康。

鲑鱼

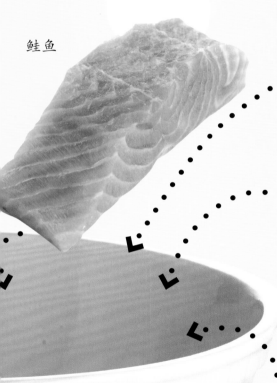

奶酪

橄榄油

脂肪和油脂

每个人都需要脂肪为身体提供能量，帮助身体正常运作。对身体有益的脂肪来源于橄榄油、坚果、种子、鳄梨和肥美的鱼肉。

核桃

含糖食物和盐

糖给身体提供能量，但是吃太多糖对身体却是有害的。吃太多盐也会给身体带来一系列健康问题。

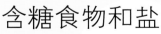

饼干

认识鸡蛋

蛋壳 •••••

系带
系带是缠绕在一起并将蛋黄固定住的几股蛋白。

卵黄膜 •••••

蛋白

蛋黄 •••••

鸡蛋是一种在全世界普遍受欢迎的食材。用它们可以做出多种佳肴，从香喷喷的炒鸡蛋到美味的松饼。

系带 •••••

气室

鸡蛋中含有75%的水和12.5%的蛋白质，剩余的2.5%是维生素、矿物质、脂肪和盐。

一只母鸡平均每年能下259个鸡蛋。

母鸡从19周大的时候开始下蛋。

鸡蛋中富含多种有利于健康的维生素。

蛋黄和蛋白，你更喜欢吃哪部分？

下面4种蛋，你最喜欢吃哪种？

红皮鸡蛋

白皮鸡蛋

鸭蛋

鹌鹑蛋

鸡蛋火腿

2 分钟　5 分钟　1

煎鸡蛋不论是单独食用还是作为早餐的一部分都非常美味。你可以在煎鸡蛋中加入火腿，使这道菜变得更加美味。

还需要准备：
- 一小块黄油
- 一撮盐和现磨的黑胡椒粉

工具：
- 一个小碗
- 一把餐叉
- 一个小煎锅
- 一把木铲

一汤匙牛奶

一个大鸡蛋

搭配一片黄油吐司

30克切碎的火腿

你也可以用煎蘑菇代替火腿。

1 将蛋液和牛奶倒进小碗里，并用餐叉不停搅拌，使蛋液和牛奶混合均匀，再加入适量的盐和黑胡椒粉调味。

2 往小煎锅里加入一块黄油，用中火化开。倒入搅拌好的蛋液和牛奶的混合物，用木铲来回翻炒，直至液体刚刚凝固至乳脂状。

3 加入切碎的火腿，继续翻炒。最后将其铺在一片黄油吐司上。

松饼

松饼是一款非常棒的早餐食品，也是一道完美的餐后甜点。它的制作过程简单易学，且充满乐趣。

5 分钟　12~15 分钟　4（切成12份）

100克自发粉

你也可以使用普通面粉，不过要加一茶匙发酵粉。

一茶匙小苏打

小苏打使松饼膨起，变得松软。

还需要准备：
• 葵花子油，用来煎食物

工具：
• 一个面粉筛
• 一个大号搅拌碗
• 一个餐罐（壶）
• 一把餐叉 • 一把大勺
• 一个手动打蛋器
• 一个大号不粘煎锅
• 一把铲子 • 一把水果刀

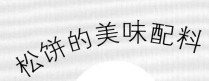

150毫升牛奶

你可以使用
全脂或低脂
牛奶。

一个鸡蛋

松饼的美味配料

草莓切片

香蕉切片

将香蕉切片后，平铺
在松饼上，最后淋上
美味的枫糖浆。

枫糖浆
蓝莓
糖粉

1 用面粉筛将面粉和小苏打过筛到碗里，而后在面粉中间挖一个洞。

2 将蛋液和牛奶倒进餐罐里，并用餐叉搅拌均匀。然后把它们倒入碗中预留的洞里，并用打蛋器充分搅拌，直到形成均匀柔滑的面糊。

3 请家长将一汤匙油加入煎锅中加热。油热后，往锅里舀一勺面糊。

4 煎松饼的时间通常为两分钟。注意观察，当松饼一面呈金黄色、另一面起泡时，就可以给松饼翻个儿，开始煎另一面了。

5 用水果刀小心地将香蕉、草莓切片，而后将它们铺在松饼上，最后淋上可口的枫糖浆。

尝试搭配不同的水果或培根。

如果你不喜欢枫糖浆，也可以用糖粉替代。用面粉筛将糖粉轻轻地过筛到松饼和水果上。

认识面粉

麦穗 ··········

麦芒 ·······

小麦种植已经有数千年的历史了。小麦收割后磨成的粉末称为面粉。面粉是制作面包、点心、蛋糕、饼干和意大利面最主要的原料。面粉的主要种类有自发粉、普通面粉、全麦面粉和高筋面粉。

小麦通常被大面积种植，是一种生长力极强的草本植物。一般来说，一株小麦能产出20~50 颗谷粒。

麦秆 ·······

麦叶

这张示意图展示的是小麦植株接近麦穗的位置。每株小麦都会长出若干麦穗，每个麦穗上开出1~5 朵穗花，然后穗花结出谷粒。

在现代农场，农民普遍使用联合收割机来收割小麦。

谷粒被传送到联合收割机后方的斜槽处，然后装入车厢。

联合收割机前方的刀杆上装有刀片，用来切割麦秆。被割下来的小麦通过传送带进入联合收割机内，等待下一步处理。

在脱粒机里，谷粒同谷壳以及麦秆分离。

收割完成后，谷粒被运送到面粉厂磨成面粉。之后，面粉被装袋，在商店中出售。

为了延长面粉的保质期，需要将它储存在干燥、凉爽且避光的地方。

40分钟
（包含10分钟冷却时间）

10~12分钟

16
（取决于模具的大小）

星星饼干

这些星星饼干的口感很棒。在制作过程中，你将学会如何从面团上切下星星形状的面片，以及如何用彩色的糖霜点缀饼干。

125克黄油丁

100克白砂糖

比起大块的黄油，小块的黄油更容易和面粉揉在一起。

两汤匙金黄糖浆

一茶匙姜粉

如果你不喜欢姜粉，可以用一茶匙肉桂粉代替。

250克普通面粉，过筛

将一个橙子的果皮细细擦碎

一个中等大小的鸡蛋，打散

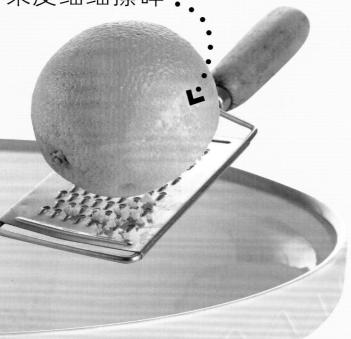

原料放入碗中的顺序遵照下一页的步骤。

工具：
• 两个大号烤盘 • 烘焙纸
• 一个大号搅拌碗
• 一把木铲 • 一把餐叉
• 一根擀面杖 • 一把餐刀
• 一套星形模具
• 一个冷却架 • 一个擦板
• 一个小碗 • 一卷保鲜膜
• 一个面粉筛

装饰配料：
• 300 克糖粉
• 两三汤匙水
• 两三种食用色素

1 请家长将烤箱预热到180℃。把两个烤盘并排放好，再分别铺上烘焙纸。将面粉和黄油加入搅拌碗中，而后用手揉搓，直到它们变得像面包渣一样。

2 往小碗里加入白砂糖、姜粉、橙皮末并混合，再倒入蛋液和金黄糖浆，用餐叉搅拌均匀。然后将混合液倒入面粉和黄油的混合物中，并用木铲不停搅动，直至它们变成一个面团。

3 用保鲜膜裹住面团，而后把面团放进冰箱冷藏10分钟。把面粉撒在擀面杖上，用擀面杖将面团擀成4~5毫米厚的面饼。然后用星形模具（见第22~23页）将面饼切割成星星形状的面片。

4 把这些星星形状的面片小心地放在烤盘上，面片间要留一定空隙。把烤盘放进烤箱烘焙10~12分钟，直到面片变成金黄色。饼干烤好以后，先把它们留在烤盘上冷却两分钟，而后转移到冷却架上。

5 将糖粉筛进搅拌碗里，缓慢搅动并加入足量的水。搅拌均匀后，将糖霜分到3个小碗里，加入食用色素，制成3种不同颜色的糖霜。

6 用餐刀将糖霜小心地抹在饼干表面，也可以用茶匙将糖霜淋在饼干上，创作花纹和图案。等糖霜凝固，星星饼干就完成了。

 如果你喜欢，可以尝试用柠檬代替橙子。

用星形模具沿着面饼的边缘切割。

将面饼的边角料重新揉成面团，擀成新的面饼，制作更多的星星饼干。

在用模具切割面饼以前，要先给模具撒上面粉。

为了防止面团粘在擀面杖上，可以在擀面以前给擀面杖撒上面粉。

蓝莓松糕

松糕几乎是生日宴会上最受欢迎的甜点。你可以在松糕上添加你喜欢的水果。此处我们选用的是美味多汁的蓝莓做示范。

100毫升鲜奶油

4汤匙蓝莓酱

留下一把蓝莓，用来装饰松糕。

175克蓝莓

糖粉

225克白砂糖

20 分钟　25 分钟　8~10

将黄油在常温下放置一段时间，而不是从冰箱里取出后直接使用，因为常温下的黄油更容易与其他食材混合在一起。

工具：
- 两个直径 20 厘米的圆形蛋糕模具
- 一把剪刀和烘焙纸
- 一个大号搅拌碗
- 一台电动打蛋器
- 一个面粉筛
- 一把大勺
- 一个冷却架
- 一个中号搅拌碗
- 一个手动打蛋器

225克软化的黄油

225克自发粉

4个大鸡蛋，打散

1 请家长将蛋糕模具预热到180℃。沿蛋糕模具的底部在烘焙纸上描出两个圆并剪下来。在烤盘里涂些油，然后将两张圆形烘焙纸分别铺在两个蛋糕模具里。

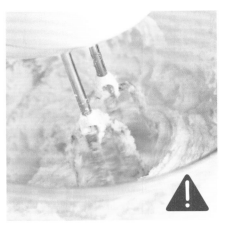

2 把黄油和白砂糖加入大号搅拌碗里，用电动打蛋器搅拌，直至混合均匀、细腻。

3 往碗里加入少许蛋液，并用电动打蛋器搅拌，然后一边加入剩余的蛋液一边继续搅拌，使其混合得更充分。

4 将面粉过筛到碗里，然后用金属勺充分搅拌，直到混合均匀，变成面团。

5 将面团一分为二，然后分别放进两个蛋糕模具中，再用勺背将面团压平。把它们放入烤箱烘焙25分钟，或者直到面团膨起，表面变硬即可。

6 取出蛋糕模具后，先凉一凉。然后将蛋糕倒扣在冷却架上，揭下烘焙纸，等待蛋糕彻底冷却。

 不妨用草莓切片代替蓝莓，换换口味。

把松糕切成数等份，
开始享用吧！

点睛之笔

把奶油倒进碗里，用手动打蛋器不停搅拌，直到提起打蛋器时，奶油上会有一个小尖。将其中一块蛋糕放平，涂上蓝莓酱，再涂一层奶油，撒上蓝莓果粒。之后将另一块蛋糕摞在上面，顶部加一把蓝莓做装饰，最后筛一层薄薄的糖粉，这款美味诱人的蓝莓松糕就大功告成了。

奶酪面包

奶酪面包的制作过程既简单又有趣。融化在每个面包上的奶酪会给面包带来新的风味。你可以单独吃面包，也可以在面包中间夹三明治的辅料。

250克高筋面粉

350毫升温水

两茶匙干酵母

2小时
20分钟

25~30
分钟

9

一茶匙
白砂糖

250克全麦高筋面粉

全麦面粉里混有细小的麸皮，这样可以使面包的味道更加浓郁。

1½茶匙盐

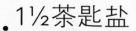

还需要准备：

- 9 片生菜叶
- 两个番茄，切片
- 5 片火腿
- 4 片奶酪
- 食用油

工具：

- 一个小碗 · 一把勺子
- 一把木铲 · 一张案板
- 一个大号搅拌碗
- 一块干净的毛巾
- 一个大烤盘
- 一把糕点刷

在烘烤以前，先将这些奶酪撒在面包上

75克切碎
的奶酪

一个鸡蛋，打散

29

1 向小碗里倒入 100 毫升水，然后加入干酵母和白砂糖，不停搅拌，直至它们全部溶解。然后将小碗放在温暖的地方 5 分钟，或者直到液体表层有气泡出现。

2 将准备好的两种面粉和盐加入大号搅拌碗里，用勺子混合均匀，然后用手在面粉中间挖一个洞。

3 将混合液连同剩余的水全部倒入预留的洞里，然后将面粉揉成一个软软的面团。如果面团太干，就再加些水，继续揉。

4 在案板上撒上面粉后，将面团放在案板上，用掌根使劲向外推揉，然后再卷揉回来，如此反复。揉大约 10 分钟，直到面团表面变得柔滑而有光泽后，将面团放进干净的碗里，盖上湿毛巾，置于温暖的地方，等待 1.5~2 小时，直到面团发酵膨胀成原来的两倍大。

5 请家长将烤箱预热到 220℃。用拳头反复揣打发酵后的面团。

6 将面团九等分。往手上撒上面粉，然后把 9 块面揉成面团。

7 将这些面团放到涂过油的烤盘上，再覆盖一块湿毛巾，放置 10 分钟。

8 给这些面团刷上蛋液，再撒上一些奶酪。之后将烤盘放入烤箱烘焙 25~30 分钟，或者直到面包膨起，同时表面变成金黄色。

等面包稍稍变凉以后，即可添加你喜欢的辅料。

认识意大利面

意大利面是用细面粉、橄榄油、鸡蛋混合制成的。一般来说，意大利面都是由专门的工厂生产的，但是我们也可以在家使用面条机自制意大利面，或者用刀切出不同形状的意大利面。意大利面不仅美味，而且很容易让你填饱肚子！

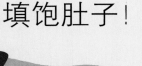

橄榄油

+

细面粉

+

鸡蛋

=

面团

在细面粉中加入橄榄油和蛋液，揉成面团。

将面团擀成面片，然后放进面条机里。不停转动面条机的把手，面片就被不断挤压和切割。不同的切刀可以切出不同种类的意大利面。

面条机

你最喜欢哪种意大利面？

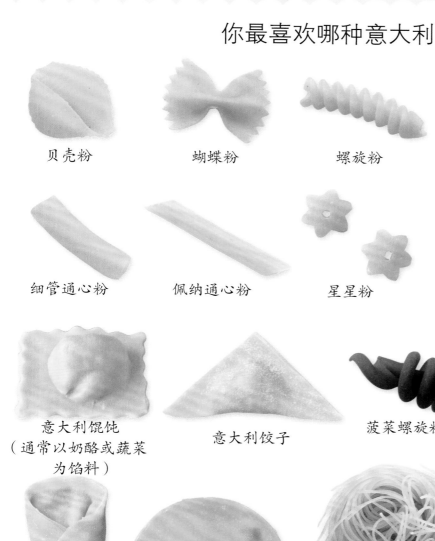

贝壳粉　蝴蝶粉　螺旋粉　全麦通心粉　波纹贝壳通心粉

细管通心粉　佩纳通心粉　星星粉　车轮粉　螺旋通心粉

意大利馄饨（通常以奶酪或蔬菜为馅料）　意大利饺子　菠菜螺旋粉　

帽状意大利馄饨（以南瓜为馅料）　半月状意大利馄饨　意式细面巢　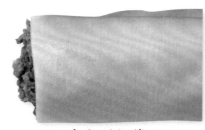意大利粗管面（以酱汁和肉为馅料）

扁平意面

意大利面条（细长型）　千层面面片

煮意大利面

意大利面是很多流行大餐的基础食材，所以掌握煮意大利面的方法尤为重要。如果煮的时间不够，意大利面吃起来会很硬；如果煮的火候大了，它们会变得黏糊糊的。

1 请家长煮开一锅淡盐水。

2 选择一种你喜欢的意大利面，然后请家长将适量的意大利面加入煮沸的水中，煮10~12分钟（或者按照包装袋上说明的时间来煮）。

 意大利面越小越细，煮的时间就越短。

3 请家长用筷子挑一根意大利面给你尝尝。要等面条凉一凉再试吃。如果意大利面吃起来既柔软又不黏糊糊的，说明已经煮好了。等面煮好后，请家长把面盛到滤锅里，沥去水分。

用常温饮用水冲洗意大利面。

15 分钟　20 分钟　4~6

焗意大利面

焗意大利面是一道非常棒的健康家庭餐，搭配新鲜的水果蔬菜沙拉，味道会更好。另外，肉丸的做法简单易学，而且制作过程充满乐趣，受到众多家庭的青睐。

两汤匙新鲜的奶酪碎

两汤匙切碎的新鲜香菜

350克切碎的瘦牛肉

你也可以自制面包渣：把一片面包烤好，然后放进食品加工机里粉碎。

一汤匙干燥的面包渣

还需要准备：

- 盐和现磨的黑胡椒粉
- 一汤匙橄榄油
- 番茄意面酱
（见第 52~53 页）
- 水果蔬菜沙拉

工具：

- 一个大号搅拌碗
- 一把木铲 • 一个滤锅
- 一个中号平底锅
- 一个大号平底锅
- 一个耐热的容器
- 一个盘子

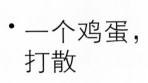

125克奶酪球，沥干水分并切碎

一个鸡蛋，打散

250克波纹贝壳通心粉或佩纳通心粉

1 将牛肉、蛋液、香菜、面包渣和奶酪碎都加入碗里，然后撒上盐和黑胡椒粉，用手搅拌，使食材充分混合。

2 用手将肉馅揉成 24 个小肉丸，放在一旁待用。

3 请家长用煮沸的淡盐水煮意大利面。10~12 分钟后，意大利面变软，沥去水分。

4 请家长点火，待大号平底锅热了以后倒入油，然后将小肉丸分成两批炸至浅棕色。之后将肉丸回锅并加入酱汁，炖5 分钟。

5 将煮好的意大利面倒入锅中，小心地搅拌，使意大利面同肉丸充分混合，然后盛到耐热的容器中。

6 把奶酪球撕碎，撒在意大利面上。请家长把意大利面放进烤箱，在设定温度下烘烤3~4 分钟，直到奶酪融化。这道美食搭配沙拉会更美味哦！

你可以用火鸡肉或猪肉代替牛肉来做肉丸。

大米

认识大米

大米是全世界接近半数人口的日常主食。它的味道很淡，可以与很多食物搭配食用。大米可以储存很长时间，经过烹饪后会变得黏糯而松软。

水稻生长在稻田里。这种土地需要常年灌水，以防杂草生长。

稻谷有两层外衣，外面一层是谷壳，里面一层是种皮，包裹其中的是精米。

精米 •••••••••

谷壳

种皮

胚芽

水稻的生长周期为 4 个月，成熟后可以采用人工或联合收割机收割。

精米是已经去掉种皮的大米；糙米是仍然保留着种皮的大米。

短粒米很容易用筷子夹起来，因其较为柔软，容易粘在一起。

你最喜欢哪种大米？

长粒米颜色很浅，烹煮过后会很松软。

印度香米被大量用于制作印度美食。

西班牙海鲜饭大米，顾名思义，主要用来做西班牙海鲜饭。

卡纳罗利米主要用来做意大利调味饭。

短粒米烹煮过后会像奶油一样，多用于做米布丁。

菰米虽然名字里有"米"字，但它并不是大米。

10 分钟　20 分钟　4

意式奶香鸡肉炖饭

烹制意式奶香鸡肉炖饭需要用加热后的高汤充分浸泡米饭、肉和蔬菜，这样会使这道佳肴风味十足。

75克低脂奶油奶酪

两汤匙香菜末

一个小洋葱，切碎

两汤匙新鲜的奶酪碎

900毫升加热的鸡汤或蔬菜高汤

做鸡肉烩饭通常使用的是阿尔博里莫意大利米，但我们这里使用的是印度香米。

意式奶香鸡肉炖饭

3块去皮去骨鸡胸肉，切丁

225克印度香米

75克速冻豌豆

100克罐装甜玉米粒，沥干水

还需要准备：
- 一小块黄油
- 一汤匙葵花子油

工具：
- 一个面粉筛 • 一把小厨刀
- 一个带盖的中号炖锅
- 一张案板 • 一把木铲

1 将米倒在面粉筛上，然后移至水龙头下，不断淘洗大米，直到洗米水变得透明，把米沥干。

2 将黄油和葵花子油加入炖锅中加热，而后加入切碎的洋葱，翻炒 2~3 分钟。再加入鸡肉丁，继续翻炒，直至鸡肉丁变成浅棕色。

3 往锅里加入洗好的米，不断搅拌，使其被油均匀地包裹。烹制一分钟，直到大米变得透亮。

4 倒入一半蔬菜高汤，小火慢炖，并不停搅拌，直到高汤被完全吸收。

5 倒入剩余的高汤，不停搅拌，等收汁完成，米饭会变得松软，这个过程大概需要 10~12 分钟。加入豌豆和甜玉米粒，继续翻炒 2~3 分钟。

6 加入奶油奶酪、奶酪碎和香菜末，并搅拌均匀。最后根据个人口味加入调味料，这道鸡肉炖饭就完成了。

对于素食者来说，在做这道菜时可以不加鸡肉，而是加入更多的蔬菜、素香肠和豆腐。

认识番茄

番茄是一种水果，但在做菜时经常被当作蔬菜使用。番茄的用途广泛，可以作为酱汁、沙拉和浓汤的原料。番茄有不同的形状、颜色和大小。

花

叶

节点

果实

主根

侧根

番茄扎根于土壤，需要大量的阳光和水才能茁壮生长。

制作一瓶番茄酱需要25个番茄。

番茄通常在成熟以前便被采摘，这样才能保证它们运输到零售商手中时仍未烂掉。

番茄在流行全球之前，最早是南美洲的一种食物。

在伊丽莎白时代，人们认为番茄是有毒的。但现在，番茄却极受欢迎。

绕藤番茄

牛番茄

婴桃番茄

黄果番茄

绿斑番茄

小李子番茄

汤姆小番茄

处理番茄

为了烹制出一道美味的菜肴，你需要知道如何处理所需食材。番茄在烹饪方面用途广泛，所以学习如何正确地处理番茄非常重要。

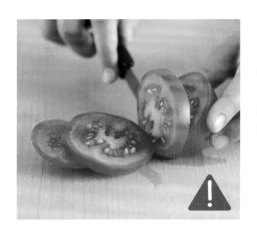

如何切番茄片？

用锋利的小厨刀先在番茄的一侧切出第一片番茄，然后将剩下的番茄按照均等的厚度切成片。

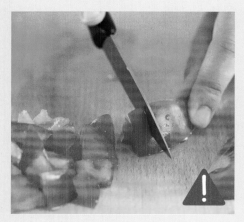

如何切番茄丁？

先竖着切一刀，将番茄一分为二，然后再切成楔形厚片，之后将番茄片切成小块。

如何给番茄去皮？

番茄放进冰箱后不易成熟，所以最好在常温下储存，这样才能得到颜色和味道均为最佳的番茄。

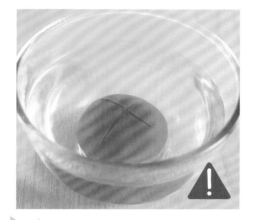

1 在番茄顶部划出一个十字刀口，然后将其放到碗里。往碗里倒入开水，浸泡 10 秒。

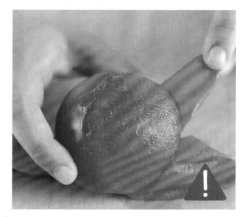

2 把热水倒掉，再往碗里倒满凉水。待番茄冷却至不烫手后取出番茄，从十字刀口处开始剥皮。

番茄通常是红色的，但是也有黄色的和紫色的。

番茄的做法多种多样，你准备怎样处理它们呢？

如何给番茄去籽？

先把番茄一切为二，准备一个小碗，用手指将番茄籽抠进碗里。

番茄意面酱

10 分钟　20 分钟　4

大多数意大利面都搭配番茄意面酱食用。虽然为了丰富口感，人们常常在番茄意面酱里加入肉和其他蔬菜，但是只有意大利面和番茄意面酱也是非常完美的。

还需要准备：
- 盐和现磨的黑胡椒粉
- 一茶匙糖

工具：
- 一个中号炖锅
- 一把木铲

两罐400克的罐装碎番茄

一瓣蒜，剥皮

两汤匙番茄泥

一小把新鲜的罗勒叶

一个洋葱，切碎

两汤匙橄榄油

1 请家长将橄榄油倒入炖锅里，用中火加热。往锅里加入准备好的蒜和洋葱，翻炒 4~5 分钟，直到它们变软。注意不要炒煳了。

2 往锅中加入碎番茄、番茄泥和糖，搅拌均匀。待酱汁沸腾后加入现磨的黑胡椒粉，然后把火调小，炖 15 分钟，不要盖锅盖，要不时搅拌。关火前加盐。

3 用手将罗勒叶撕碎，加入酱汁中，搅拌均匀，使酱汁的味道更丰富。

比萨饼

比萨饼酱简单易制。舀一大汤匙酱，把它抹在皮塔饼上（皮塔饼一分钟就能烤好）。依照个人口味，还可以加些奶酪碎和其他配料，然后请家长帮忙烤5分钟，比萨饼就做好了。

制比萨饼酱，
需要准备：

- 200 毫升番茄酱
- 两汤匙番茄泥
- 半茶匙糖
- 一茶匙混合干香草
- 一个小炖锅
- 一把木勺

把制作酱汁的所有原料都加入炖锅里。请家长帮忙，用小火慢炖5分钟，并不时搅拌。关火，等酱汁冷却。

配料的准备：

- 4 汤匙比萨饼酱（每张饼舀一汤匙）
- 4 把奶酪碎
- 一片火腿，切成条
- 一把甜玉米粒
- 一片菠萝，切块
- 5 片意大利辣香肠
- 一个绿甜椒、一个红甜椒、一个黄甜椒，切丁
- 4 个樱桃番茄，一切为二
- 3 片新鲜的罗勒叶，作为点缀
- 一把烤鸡肉片
- 一个蘑菇，切片并煎好
- 4 根红甜椒条

你会选择哪种比萨饼配料？

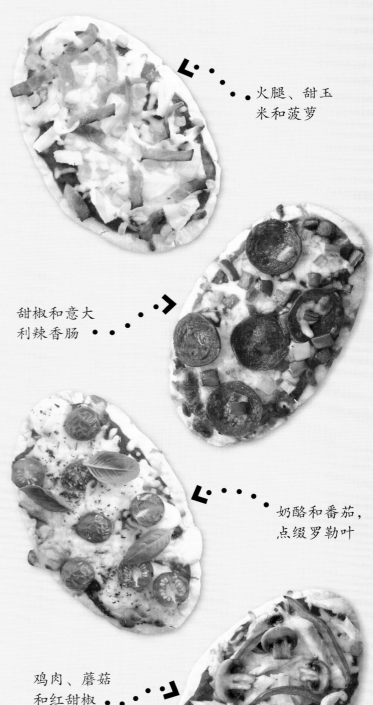

火腿、甜玉米和菠萝

甜椒和意大利辣香肠

奶酪和番茄，点缀罗勒叶

鸡肉、蘑菇和红甜椒

将配料都摆放好，就可以开始做比萨饼了。

55

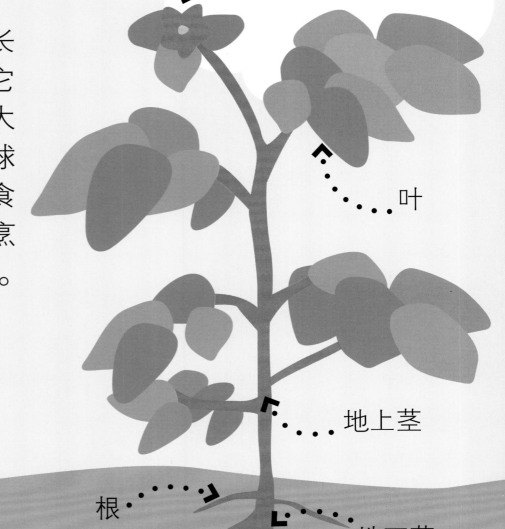

马铃薯

认识马铃薯

马铃薯是一种生长在地下的蔬菜。它们有很多品种，大小也不同，是全球广为使用的一种食材，而且它们的烹饪方式也多种多样。

花

叶

地上茎

根

地下茎

正在发育的块茎

种植 2~6 周后，马铃薯幼苗就会破土而出。在地下，马铃薯（又称为块茎）也在发育成型。

已长成的块茎

根

之前种薯的位置

马铃薯可以切丁、切片、切块或擦成细丝。它们可以被煎、煮、蒸、烤或捣成泥。

马铃薯的花有毒。有些马铃薯会长出小小的绿色果实，但是这些果实不能吃，因为它们也是有毒的！

马铃薯紧靠外皮的一层是最有营养的，所以人们经常用马铃薯削皮器来削皮，以免削得太深，让那部分的营养全部流失。

马铃薯在英国十分受欢迎，当地人摄入的维生素C大概有1/4来自马铃薯。

马铃薯和红薯还有点关系，因为红薯也属于根茎类蔬菜。

马里斯派珀马铃薯

爱德华国王马铃薯

红薯

迷你马铃薯

泽西小马铃薯

马铃薯鱼饼

绵软的马铃薯泥和鲑鱼裹上香脆的面包渣，美味十足。

一汤匙新鲜的香菜末

250克马铃薯，削皮

把马铃薯切成5厘米宽的小块。

两根大葱，洗净切碎

两茶匙第戎芥末酱

85克普通面粉

🥄	🕐	🍴
60~70 分钟	40 分钟	4

150克酥脆的
面包渣

350克罐装
鲑鱼肉

两个鸡蛋

还需要准备：

• 现磨的黑胡椒粉
• 一撮盐
• 6汤匙葵花子油
• 蔬菜沙拉和柠檬

工具：

• 一个中号炖锅
• 一把漏勺 • 一张案板
• 一把木铲
• 4个盘子
• 一把小厨刀
• 一个捣碎器
• 一个搅拌碗
• 一卷保鲜膜
• 一个大号煎锅
• 一把煎鱼铲
• 一包厨房纸

1 向炖锅里倒入半锅水，加入切好的马铃薯和一小撮盐。请家长将水煮沸，然后继续煮 12~15 分钟。

2 将马铃薯从锅里捞出，用漏勺沥干水。倒掉锅中的水，然后将马铃薯放回锅中，用捣碎器捣成泥，放置冷却。

3 将鲑鱼肉去皮去骨，撕成小块，加入搅拌碗中，再加入马铃薯泥、第戎芥末酱、葱花、香菜末和调味料，搅拌均匀。

4 在手上撒少量面粉，然后把碗里的混合物揉成 8 个大小均等的小饼。把它们放在盘子里，并覆盖保鲜膜，而后放进冰箱里冷藏 30 分钟。

5 打好蛋液。将面粉和面包渣分别放在两个盘子里。将鱼饼裹上面粉，然后浸入蛋液中，最后裹上面包渣。请家长将烤箱低温预热。

6 请家长在煎锅中倒入一半葵花子油，用中火加热，然后放入 4 个鱼饼，煎 2~3 分钟。等鱼饼与煎锅接触的一面变成金黄色后，将鱼饼翻个儿继续煎。待鱼饼全部煎好后，将其放进烤箱里保温。如此，将剩下的 4 个鱼饼也煎好。

上桌前，用柠檬和蔬菜沙拉点缀鱼饼。

认识豌豆

豌豆是一种被广泛种植和食用的蔬菜，主要有两个品种：一种需要把豆子从豆荚里剥出后才能食用，如青豌豆；另一种可以连着豆荚一起吃，如荷兰豆和甜豌豆。

花

豆荚

叶

秧

根

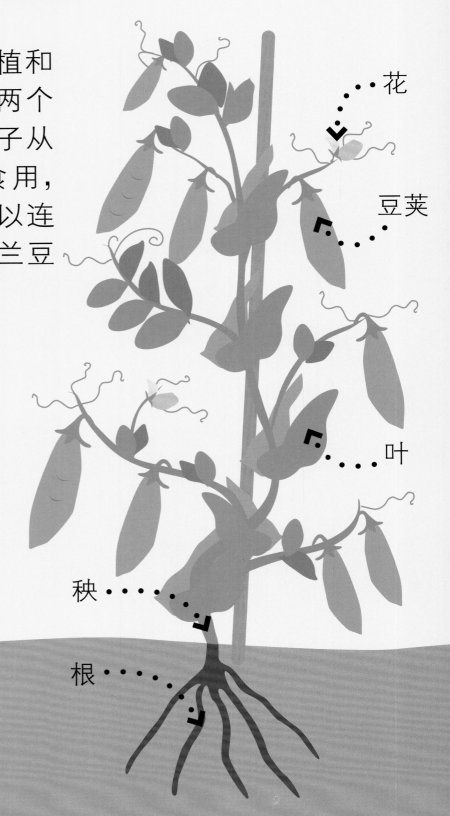

豌豆是一种藤蔓植物。当豌豆花凋谢以后，豆荚就开始在开花的地方生长。豌豆在豆荚里不断生长，直到成熟后被采摘。

剥豌豆

在豆荚的一端轻轻地按压一下，这样豆荚就会打开一个小口。

用拇指向下按压豆荚的一侧，让里面的豌豆露出来。

用拇指从豆荚内的一端向另一端推豌豆，这样所有的豌豆就都剥出来了。

豌豆大多是绿色的，因为它们是在成熟前被采摘的。成熟豌豆的颜色会更黄一些。

一经采摘，豌豆需要储存在冰箱或冷库内。只有少量豌豆趁新鲜出售，大部分豌豆都被冷冻或罐装储存。

甜豌豆

豆荚

荷兰豆

青豌豆

5 分钟　3 分钟　6

豌豆鹰嘴豆泥

豌豆鹰嘴豆泥非常可口且风味十足，富含蛋白质和维生素。这道美食是健康加餐的理想选择，也可以作为午餐或晚餐的佐菜。

还需要准备：
- 盐和现磨的黑胡椒粉
- 蔬菜

工具：
- 一个中号平底锅
- 一个面粉筛 · 一把茶匙
- 一台搅拌机
- 一个碗或 3 个纸杯

一汤匙
芝麻酱

一个柠檬，
挤汁

两汤匙橄榄油

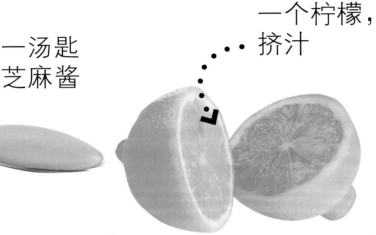

250克速冻豌豆

400克罐装鹰嘴豆，
沥干水

1 将豌豆倒入盛着沸水的锅中，煮3分钟，然后用面粉筛将水沥干，再用冷水冲洗豌豆。

2 把所有原料都加入搅拌机中，不停搅拌，直到它们变成柔软的奶油状。之后加入盐和黑胡椒粉调味，用小茶匙舀些尝尝味道。如果味道不错，就可以将豆泥盛到碗里或者分装在两个纸杯中，这道美食就完成了。

可搭配蔬菜食用，如胡萝卜条、甜椒条、芹菜条和荷兰豆。

巧克力

认识巧克力

巧克力是由可可豆制成的，可可豆就是可可树的种子。可可树一般生长在热带雨林地区。可可豆最初用于制作一种味道较苦的饮料，这种饮料同现在我们所喝的香甜的热巧克力和吃的奶油可可棒大不一样。

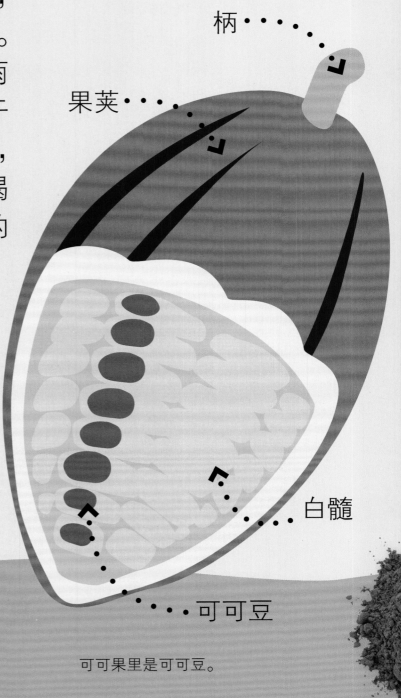

柄••••••

果荚••••••

白髓

可可豆

可可果里是可可豆。

可可果长在可可树的主干部分，生长 4~5 个月便可成熟。成熟的可可果可以长到甜瓜那么大。

怎样制作牛奶巧克力？

首先倒入可可块

加入白砂糖

全脂奶粉

可可脂

把所有材料搅拌均匀

牛奶巧克力做好了

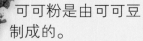

牛奶巧克力和黑巧克力的制作方法一样，只是原料中多了奶粉。

可可粉是由可可豆制成的。

白巧克力中含可可脂，不含可可块，所以通常来说，它不算是真正的巧克力。

黑巧克力是由可可块、白砂糖和可可脂制成的。

松露巧克力

自制一些创意独特的松露巧克力，把它们当作圣诞节礼物送给朋友和家人。制作6个礼物盒，在每个盒子里放入4颗松露巧克力。收到礼物时，人们一定会被松露巧克力的美味和可爱打动。

15克不含盐的黄油

150毫升鲜奶油

| 5 分钟 | 125 分钟 | 制成24颗 松露巧克力 |

在手上撒上糖粉。

你也可以用牛奶巧克力或黑巧克力制作松露巧克力。

300克白巧克力（含30%可可脂）

装饰配料：

从以下配料中选择

- 过筛的可可粉
- 巧克力碎
- 黑巧克力和白巧克力
- 七彩糖针
- 坚果碎，如开心果碎
- 椰蓉

你准备的碗要能盛下所有原料。

工具：

- 一个烤盘
- 一张烘焙纸
- 一个中等大小的碗
- 一个小炖锅
- 一把木铲
- 一把茶匙
- 一个面粉筛

1 在烤盘上铺好烘焙纸。将白巧克力掰成小块，放进碗里待用。将鲜奶油倒进小炖锅里，再加入黄油，请家长将其慢慢煮沸，然后把沸腾的鲜奶油倒进盛放巧克力的碗里。

2 用木铲不停地搅拌，直到混合物变得顺滑，且巧克力全部融化。盖上锅盖，在室温下将其放置冷却 10 分钟左右，然后放进冰箱冷藏 2 小时，直至混合物凝固至易于成型的状态。

 发挥你的创造力，选取其他配料来装饰你的松露巧克力。

3 用茶匙舀一勺大小适合入口的巧克力。

4 在手上撒上薄薄的糖粉，避免巧克力粘在手上。然后将舀出的巧克力揉成小球，放在烤盘上待用。

5 把巧克力球放在过筛后的可可粉、巧克力碎、坚果碎、糖针或椰蓉里滚一圈，然后放到独立的纸托里冷藏。将做好的松露巧克力放在封好的盒子里。它们大约能保存10天，因为其中含有奶油，所以应被存放在冰箱里。

哪种松露巧克力是你的最爱？

包裹开心果碎

包裹可可粉

包裹椰蓉

包裹黑巧克力碎

包裹七彩糖针

包裹牛奶巧克力碎

当这些松露巧克力在舌尖融化时，会是何等的美味啊！

巧克力酱

水果蘸巧克力酱是一道人人喜爱的美味甜品。在聚会上拿出这道小食，让每个人都能享受巧克力的美味！

20 分钟　　2~3 分钟　　4

还需要准备：

- 半个哈密瓜，去籽后用水果挖球器挖些哈密瓜小球
- 一个菠萝，切块
- 两个芒果，切块
- 3 个猕猴桃，切片

工具：

- 一个小炖锅
- 一个擦板
- 一把木铲
- 一个碗
- 两个大果盘
- 一盒木扦子

125克高品质的牛奶巧克力

牛奶巧克力中至少含 32% 的可可，把它掰成小块。

150毫升鲜奶油

两汤匙金黄糖浆

一个青柠

1 将巧克力、鲜奶油和金黄糖浆加入锅中，然后将擦板拿到锅子上方，用它将青柠皮擦成碎末。

2 用小火加热，不停地搅拌，直到巧克力全部融化，变成顺滑的巧克力酱。然后将其倒进碗中，放置冷却。

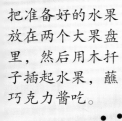

把准备好的水果放在两个大果盘里，然后用木扦子插起水果，蘸巧克力酱吃。

草莓

认识草莓

草莓作为一种大众水果，在全球各地均有种植。香甜的口感、松软的质地和丰富的果汁使得草莓备受青睐。它们是制作饮料、甜点、果酱的上佳原料。

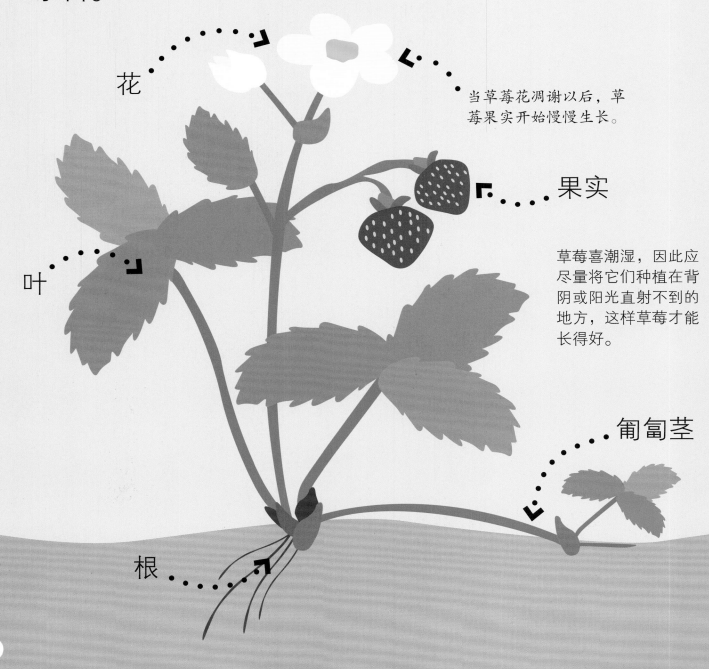

花

当草莓花凋谢以后，草莓果实开始慢慢生长。

果实

叶

草莓喜潮湿，因此应尽量将它们种植在背阴或阳光直射不到的地方，这样草莓才能长得好。

匍匐茎

根

我们今天吃的草莓是18世纪50年代在法国开始培植的。

8颗草莓所含的维生素C比1个橙子的还多。

在瑞典的仲夏节时，草莓是一道传统的甜点。

草莓是唯一一种种子长在果皮上的水果。

在罗马时代，草莓曾被当作天然的药物。

在英国一年一度的温布尔顿网球锦标赛期间，人们要吃掉28吨草莓。

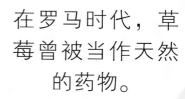

5分钟

4

奶昔时间

奶昔是非常可口的甜品，你也可以把它当作早餐饮品。奶昔易于制作，而且你还可以根据自己的口味添加各种配料。

所需工具：
- 一把餐刀
- 一张案板
- 一台搅拌机

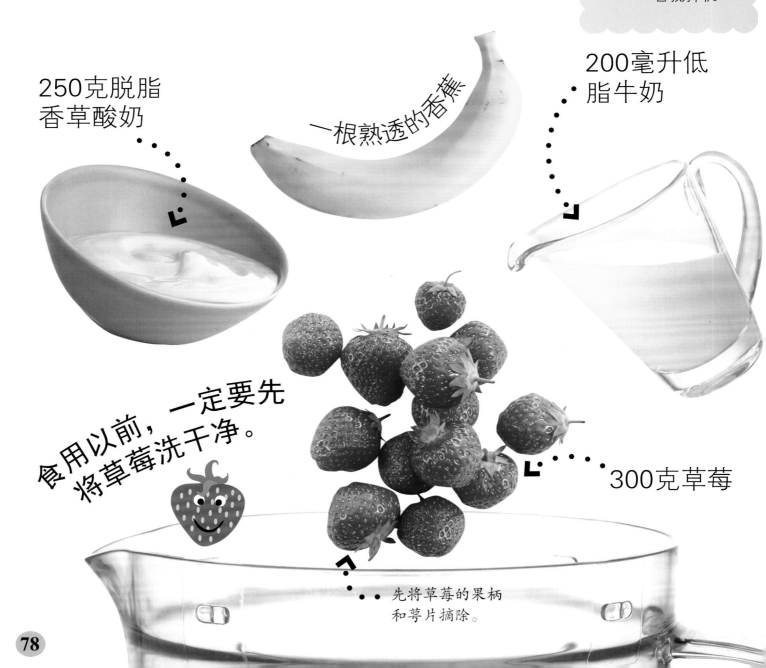

200毫升低脂牛奶

250克脱脂香草酸奶

一根熟透的香蕉

食用以前，一定要先将草莓洗干净。

300克草莓

先将草莓的果柄和萼片摘除。

1 用餐刀将草莓对半切开，放在一旁待用。给香蕉剥皮，用刀切成小段。

2 把切好的草莓和香蕉放进搅拌机里，再倒入香草酸奶和牛奶，盖上盖子，开启搅拌机。直到液体变得浓稠顺滑，将其倒入玻璃杯中——现在就来享用吧！

制作奶昔冰棍

当你做好奶昔以后，可以将其倒入模具中，冻成冰棍。炎炎夏日，品尝自制冰棍绝对是一种享受。

现制奶昔的口感最佳。如果奶昔放置了一段时间，喝之前要先搅动一下，使所有食材充分混合。

索引

B, C, D
白砂糖 18，20，25，26，29，30
比萨饼 54-55
饼干 16，18，20
菠萝 55，74
草莓 13，14，26，76-77，78，79
橙子 19
大米 42-43
第戎芥末酱 58
点心 16
豆类 7

F, G, H, J
番茄 29，48-51，55
鲑鱼 59，60
哈密瓜 74
黄油 18，20，25，26，68
火腿 10，11，29，55
鸡蛋 8-9，10，13，19，25，29，34，39，59
鸡肉 46，55
坚果 69
姜粉 19，20
酵母 28

金黄糖浆 18，20，74

L, M
蓝莓 24，27
联合收割机 17，42
罗勒叶 52，53，55
马铃薯 56-57，57，60
芒果 74
猕猴桃 74
面包 16，28，29
面包渣 39，40，59，60
面粉 12，14，16-17，19，20，23，26，30，32，34，59，60
面团 20，22，30，31，32
蘑菇 10，55

N, P, Q, R
奶酪 29，32，38，39，40，44，46，55
奶昔 78-79
奶油 24，27，68，74，75
柠檬 20，64
牛奶 10，11，13，14，78
牛肉 38，40
培根 14
皮塔饼 54
巧克力 66-67，68-71，73，74-75
肉丸 38，40

乳制品 7

S, T
沙拉 38，39，40，60
生菜 29
蔬菜 6，65
水果 6，75
松饼 12-15
酸奶 7，78，79
蒜 52，53
糖粉 13，15，19，20，24，27，69，71
甜椒 55，65
甜玉米粒 45，46，55
吐司 10，11

W, X, Y
豌豆 45，46，62-63，64-65
维生素 6，7，57，77
香菜 38，40，44，46，58，
香蕉 13，14，78，79
小麦 16，17
洋葱 44，46，52，53
意大利辣香肠 55
意大利面 16，34-35，36-37，38，40，52
鹰嘴豆 64

致谢

With thanks to: Jennifer Lane for additional editing, Tamsin Weston for additional prop styling, Katie Federico for assisting at a photo shoot, and Jo Casey for proofreading.

Photos courtesy of: Peter Anderson, Philip Dowell, Will Heap, Ian O'Leary, Richard Leeney, Gary Ombler, William Shaw, and Linda Whitwam. All other images © Dorling Kindersley

With special thanks to the models: Roberto Barney Allen, Abi and Kate Arnold, Lara Duffy, James and Ying Glover, Kathryn Meeker, Ella and Eva Menzie and Oliver Tran.